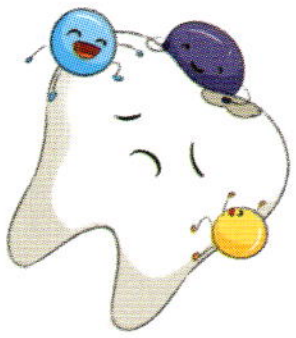

听爸爸讲身边的科学

食物里的科学

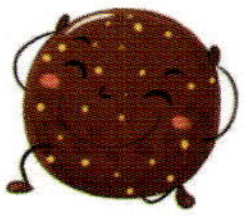

张耀明 / 主编
马玉玲 / 编绘

吉林科学技术出版社

CONTENTS

目 录

食
盐

削了皮的苹果放置一会儿就会渐渐变成褐色，它是生锈了吗？当然不是！苹果果肉中的酚类物质会与空气中的氧发生氧化变色反应。果皮就像苹果果肉的“盔甲”，失去了这层“盔甲”的保护，氧气这个“淘气包”就会肆意地在苹果果肉上乱涂乱画，把它涂成个大花脸。

为什么削了皮的苹果会变色？

“别瞧我个头不大，我的身体里可‘住着’不少有机酸呢！我身体中的有机酸含量可比其他水果的有机酸含量要多得多！”梅子洋洋得意地说道。梅子的果肉中含有丰富的有机酸，如酒石酸、柠檬酸、苹果酸、琥珀酸等。正是因为有了这些有机酸，梅子吃起来才会特别酸。

为什么梅子特别酸？

为什么吃菠萝要泡盐水？

菠萝中含有大量的菠萝蛋白酶，口腔可不喜欢这个捣蛋鬼，因为它会刺激口腔黏膜，使人产生刺痛感。而盐就像一副镣铐，可以“锁住”菠萝蛋白酶，让其失去活力，老老实实地待着不再搞“小动作”。同时，经盐水泡过的菠萝吃起来也会更加香甜哟！

鲜蛋的蛋黄中含有丰富的脂肪、蛋白质。平时，它们别提多要好啦，总是形影不离地抱在一起，混合成均匀的乳液状。这时，凭肉眼是看不到油的。但盐进入蛋内后，在盐的“挑拨离间”下，蛋白质便会抛下脂肪，和自己的同伴聚在一起，脂肪被硬生生地“挤”了出去，这时蛋白质、脂肪就处于独立的状态。经过高温加工，脂肪逐渐化为油滴。此时，我们就能看到咸蛋“滋滋”冒油。

为什么咸蛋的蛋黄会出油?

如果你足够细心就会发现，把生饺子下入锅中，它会“扑通”一声沉到锅底。这是因为生饺子的密度比水大，把生饺子放入水中，它就会下沉。可随着水温越来越高，饺子里的水蒸气也越聚越多，水蒸气把饺子皮撑得鼓鼓的，饺子的体积增大了，密度就变小了，便有了足够的浮力，饺子自然就能漂到水面上“喘口气”了。

为什么饺子煮熟后会漂起来？

大脑认真工作少不了血糖的保驾护航。不按时吃早餐或早餐中的热量不够，就会使血糖的浓度降低，大脑也就没“力气”工作了，于是它便会偷个懒。此时，我们的记忆力会下降，反应也会变慢，注意力也变得更难集中了，这就会影响我们的学习或工作效率。

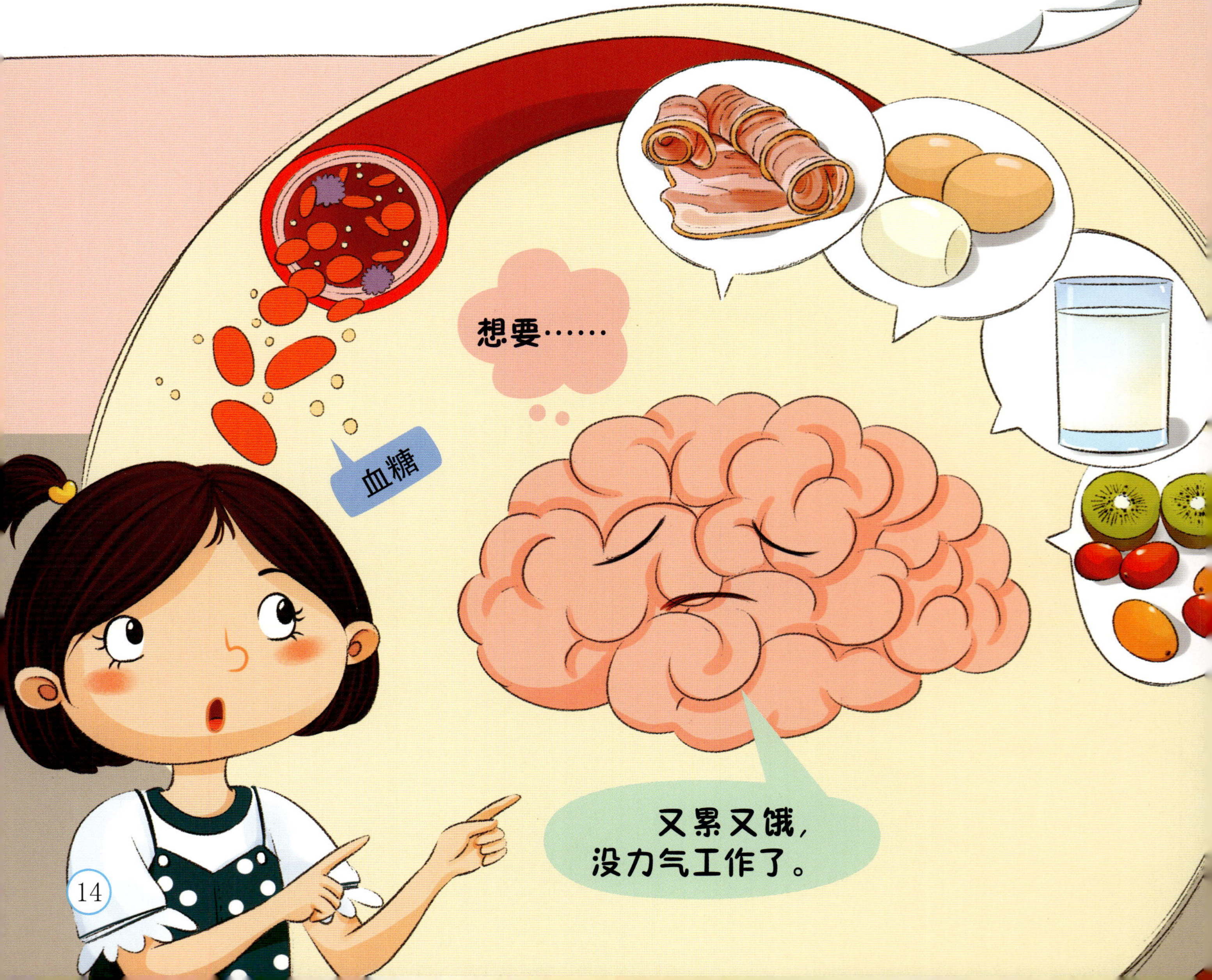

为什么早餐很重要?

“快松开！否则我们就拉着你一块儿出去！”说完，小气泡就拉着牛奶从锅中“蹿”了出来。牛奶中含有水，牛奶煮开后，水就变成了蒸汽，形成了许许多多的小气泡。这些小气泡总想跑出来，可是，有黏性的牛奶偏拉住它们不放。于是，小气泡就使劲往外拱，越拱越高，最后就带着牛奶从奶锅里溢出来了。

为什么煮牛奶容易溢出来？

菠菜中含有草酸，豆腐中含有钙，当草酸和钙相遇后，它们就会相见恨晚地紧紧抱在一起，形成不易被人体吸收的草酸钙。草酸钙在人体中越堆越多，一不小心就可能形成结石，对我们的健康十分不利哟。

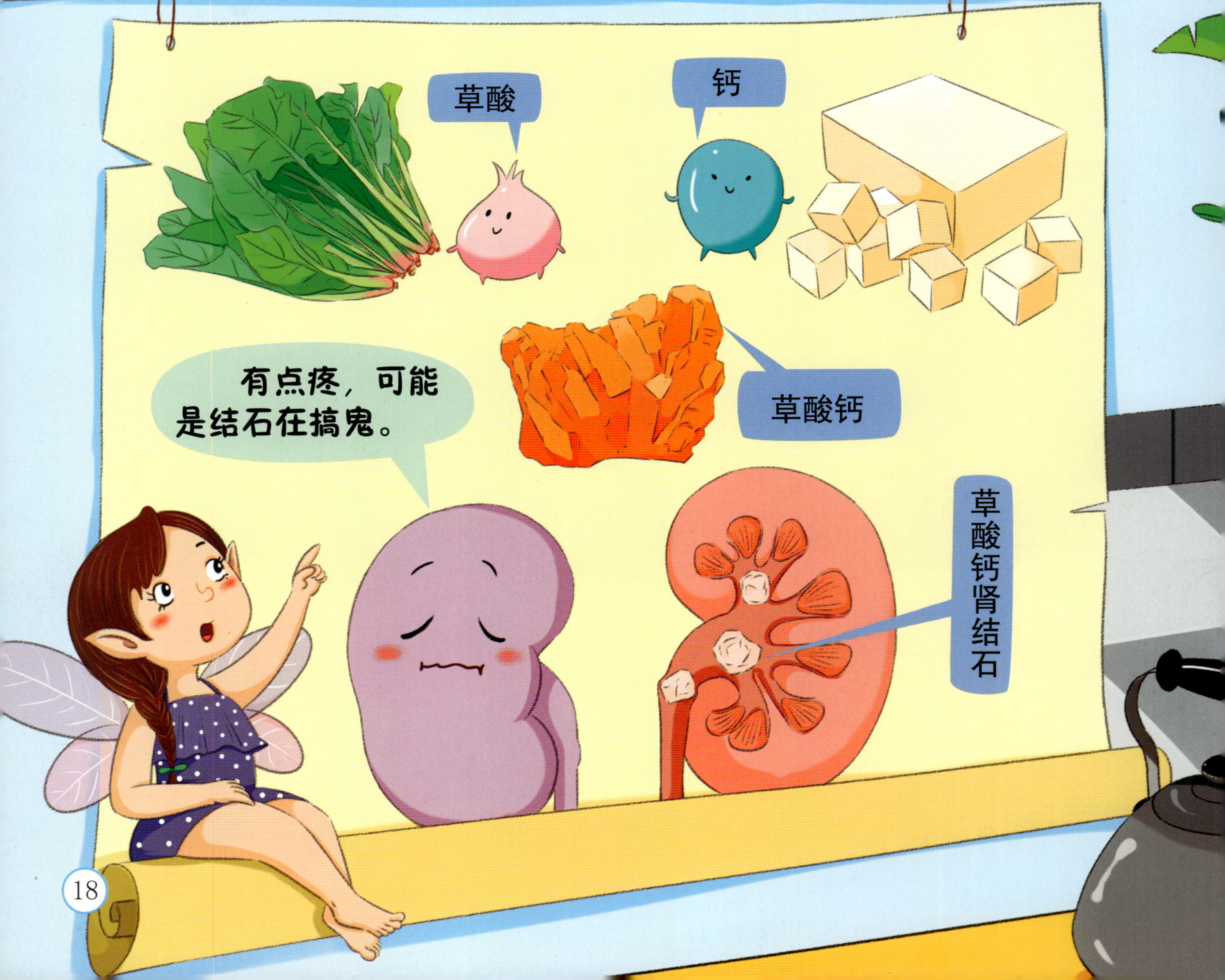

为什么豆腐和菠菜不能一起煮？

豆腐有许多小孔，不过，仅凭肉眼可能看不出来。这些小孔就像盛满水的“小碗”。而豆腐被冷冻后，“碗”中的水就会凝结成冰晶，冰晶把“小碗”撑大变成了“大碗”，等冰晶融化成水以后，水就会从“大碗”中“溜”出去，于是就出现了许多肉眼可见的小孔。

为什么冻豆腐有许多小孔？

为什么萝卜皮比萝卜心辣？

芥子油是一种非常辣的物质，生萝卜中就含有这种物质。芥子油不均匀地分布在生萝卜中，其中，萝卜皮比萝卜心更受芥子油的偏爱，萝卜皮中的芥子油含量更高，因此，萝卜皮比萝卜心辣。不过，别担心，芥子油很怕热。经高温加工，萝卜中的芥子油就能挥发掉啦，萝卜吃起来也就不辣了。

萝卜的内部有许多小孔，里面“住”着不少空气。当萝卜被光照射时，由于光线散射，萝卜看上去就是白色的。而萝卜被水煮时，水就乘机把空气都赶跑了，自己“住”进了小孔中。没了空气，光的散射也就减少了，萝卜就变成半透明的了。

为什么萝卜一煮就变得半透明？

为什么藕里面有许多管状孔？

你可别小瞧了莲藕中藏着的管状孔，这些小孔可是莲藕健康生长的诀窍。我们都知道，植物想要健康生长就离不开空气。然而，莲藕却生活在满是淤泥的水里，这可把它憋坏了。于是，聪明的莲藕便想出了一个好办法，演化出许多小孔，这样它就能畅快呼吸了。

“啊，好痒呀！为什么会这么痒呢？”咽喉左摇右摆，可瘙痒感一点儿也没有得到缓解。原来，咽喉的主人刚刚吃了发芽的土豆，而发芽的土豆中含有一种叫龙葵素的毒碱，这种毒碱食用过量的话，就会引起咽痒、恶心等不良反应。所以，发芽的土豆不要吃哟。

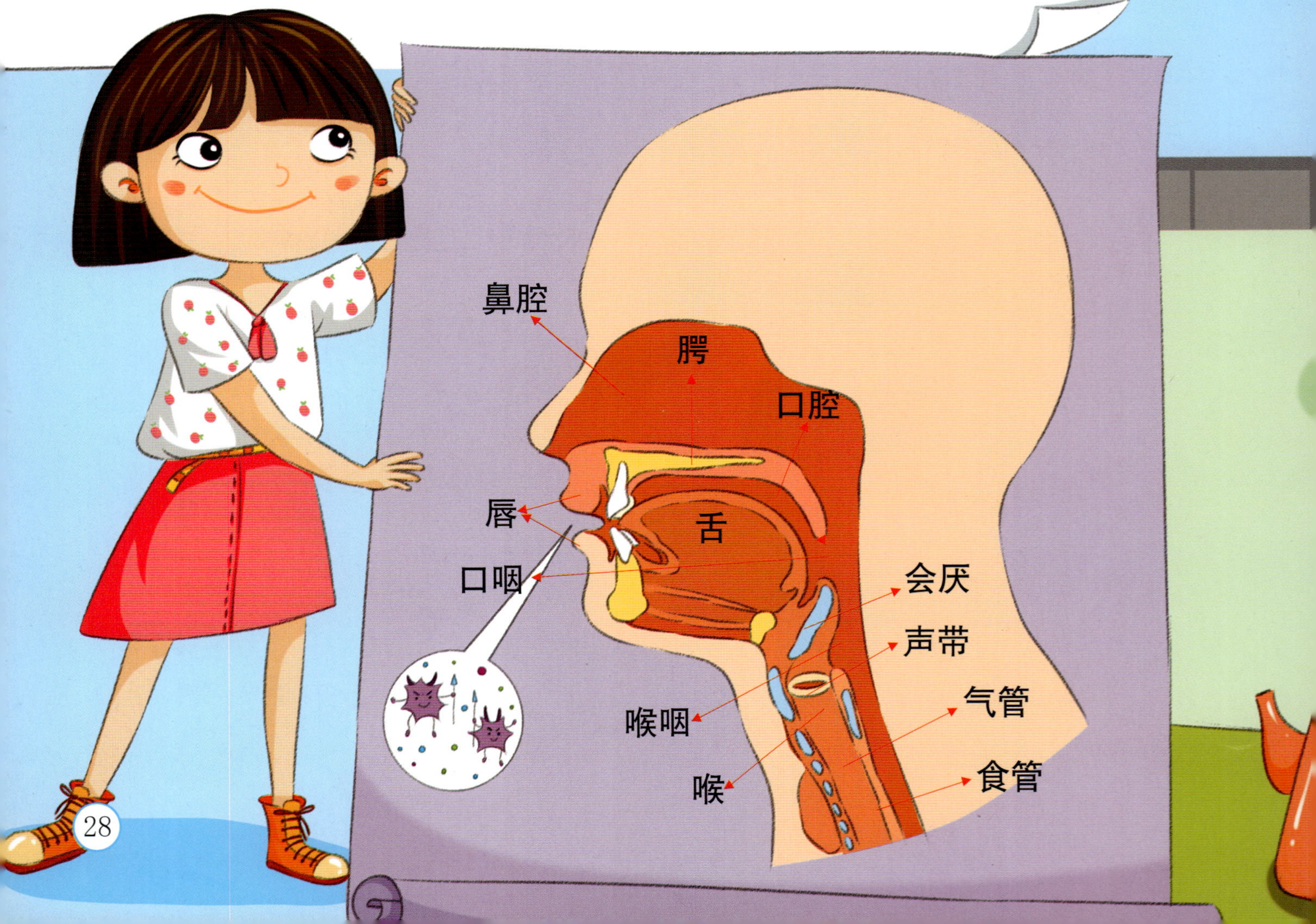

发了芽的土豆能吃吗？

为什么柿子不宜与红薯一起吃？

“好难受！”肠胃难受地东扭扭、西扭扭。红薯中的糖分会在胃里发酵，使胃酸增多。此时，若再碰上柿子里的鞣（róu）质和果胶，它们仨就会紧紧地凝聚在一起，形成不易被溶解的胃柿石。大的胃柿石是很难被排出去的，这就会引起胃部不适，严重时还可能出现胃出血等症状。

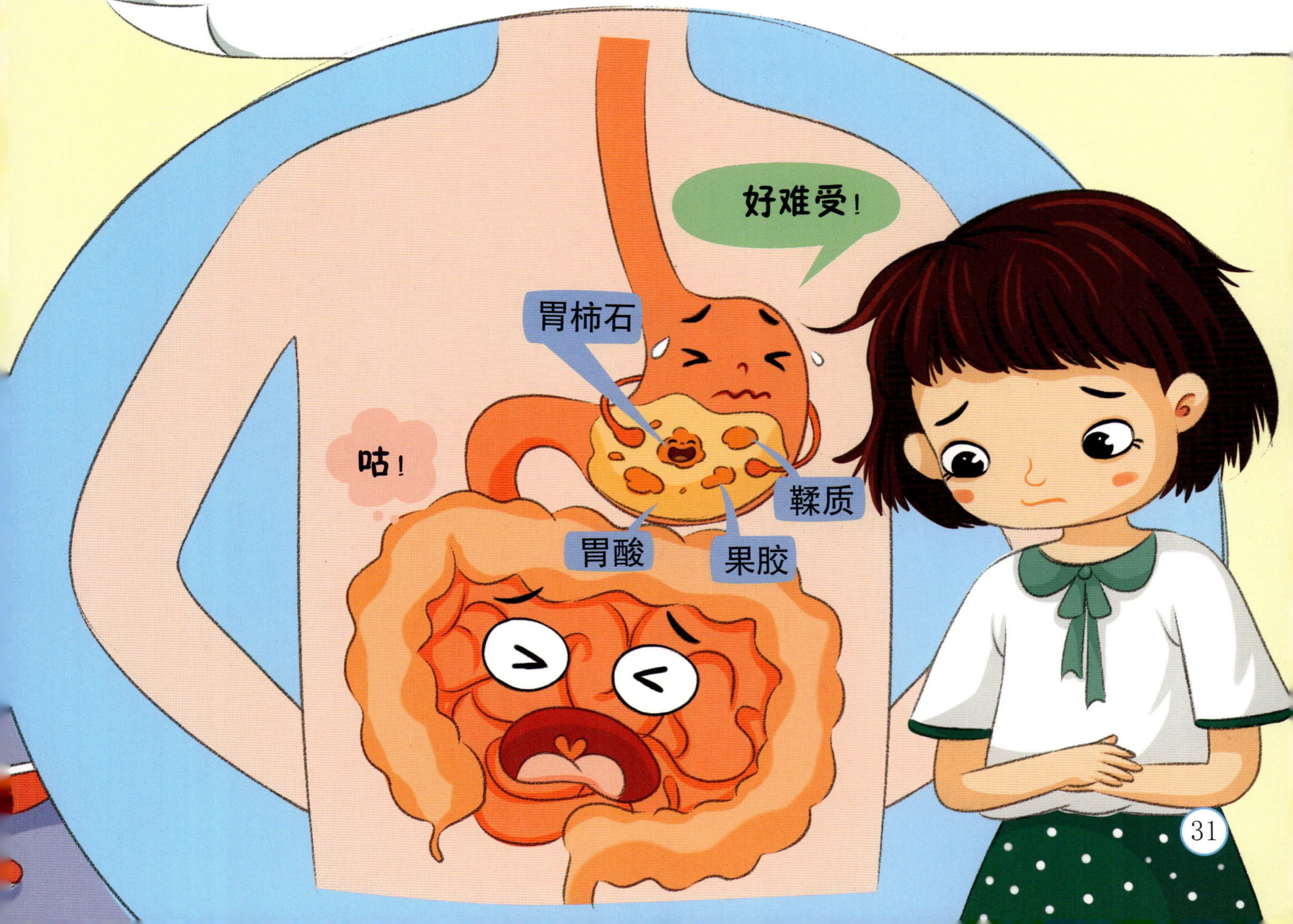

为什么切洋葱的时候，人会流眼泪？

洋葱在被攻击时，会释放出蒜氨酸酶保护自己。切洋葱时，洋葱释放出的蒜氨酸酶会和洋葱自带的氨基酸发生反应，产生一种带有硫黄的刺激性气体。当眼睛被这种气体刺激后，神经系统就会请泪腺帮忙："好难受，快用眼泪将它冲走！"于是，泪腺这个"热心肠"就拼了命地分泌出眼泪。

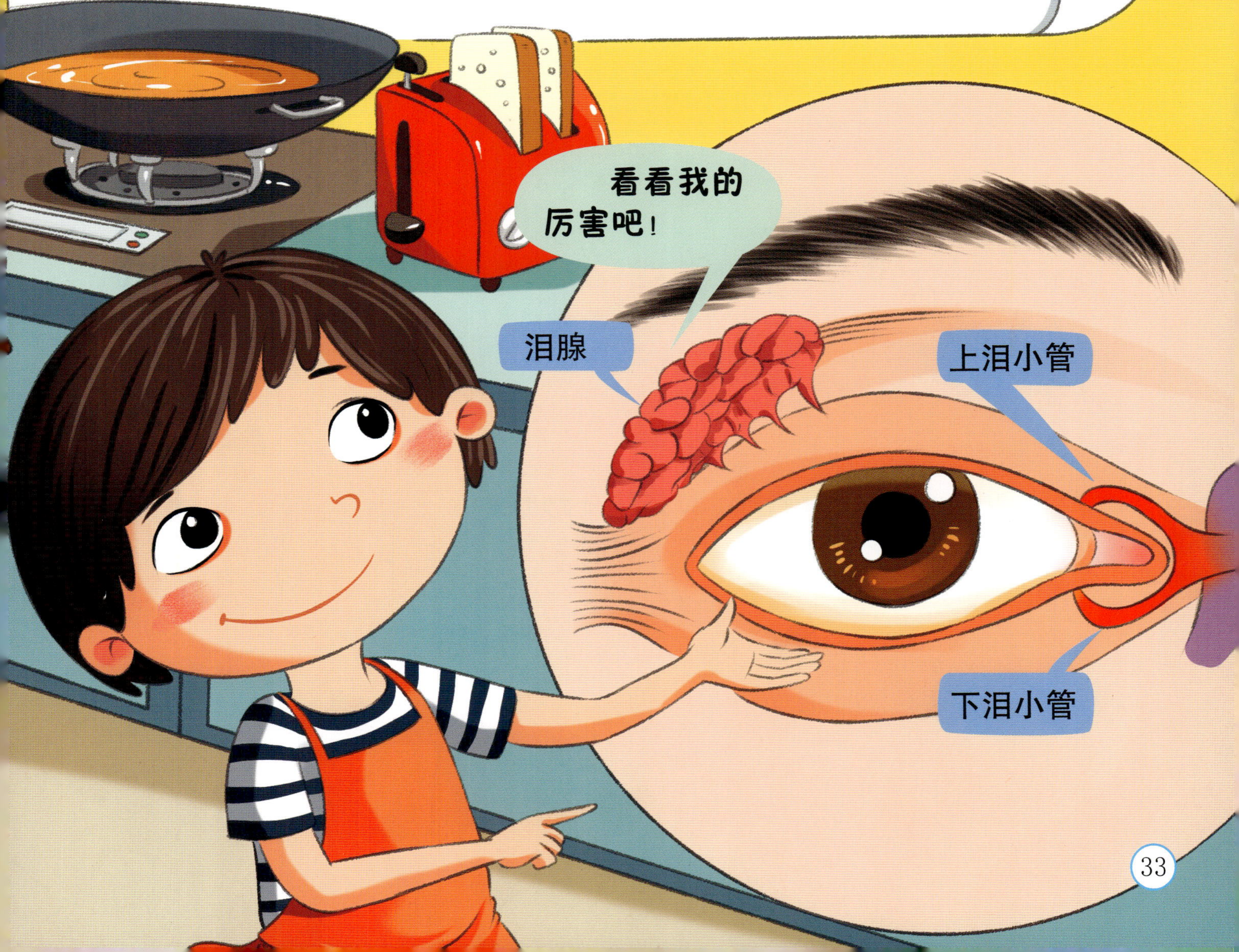

煮熟后的虾、蟹变成了红色，它们是害羞了吗？当然不是。虾、蟹的壳中藏着大量的色素细胞，其中虾红素居多。平时，虾红素与蛋白质紧紧地抱作一团，形成虾青素。但经过加热，蛋白质和虾红素就被分开了，其他色素也被分解了。这时，不怕热的虾红素终于有了露脸的机会，露出了原本的橙红色。

为什么煮熟的虾、蟹变成了红色？

为什么面包放久了会变硬?

面包能变得又松又软，酵母菌的功劳可不小。然而，时间一久，面包中的酵母菌便没“力气”工作了，失去发酵能力，面包自然就变硬了。同时，面包能变得松软，也离不开淀粉和水的帮忙。淀粉和水一起加热时，淀粉会拼命地吸水，喝饱水后，淀粉就变得黏稠。可时间一久，面包冷却下来，淀粉中的水也开始减少，淀粉的黏度也就降低了，面包就变硬了。

饭菜变馊都是微生物搞的鬼。空气中的微生物进入饭菜后，就会马不停蹄地工作，快速地繁殖，并分解掉食物中的营养素，以此来满足自身需求。食物中的蛋白质被破坏后，食物就变得又酸又臭，颜色也随之发生了改变。

为什么饭菜会馊？

跳跳糖就像一个淘气的孩子，我们把它放入嘴中后，它就会撒欢儿地在嘴中蹦来蹦去。这是因为跳跳糖中含有高压的二氧化碳气泡，当嘴中的高温和唾液把跳跳糖的糖衣融化后，二氧化碳气泡就在嘴中发生了微小的爆炸，二氧化碳气泡便和唾液“携手”跳起了“踢踏舞”。

为什么跳跳糖能在嘴里“跳”？

为什么苏打饼干上有小洞？

“好挤呀！快放我们出去！否则我们就要搞破坏啦！”苏打饼干中的气体气势汹汹地吼道。苏打饼干在被加热的过程中，会产生大量的气体。若不及时将它们排出，它们就会撑破饼干。为了不让这些气体“捣蛋”，人们就会在苏打饼干上扎些小洞，给气体“留个门”，方便它们出去。这样苏打饼干就不会裂开啦！

巧克力是个很娇气的家伙，既怕潮，又怕热。若感到不舒适，它就会“哇哇大哭”，任巧克力液流得到处都是。此时，多亏了锡纸的帮忙。锡纸不但能适当地隔热，还可以有效地防潮。被既漂亮又实用的锡纸包裹着，巧克力别提多惬意啦！自然不会轻易地“哭鼻子”了。

为什么巧克力用锡纸包装？

为什么有的糖果要包糯米纸？

如果你以为糯米纸只是为了装饰糖果，那就大错特错了。你发现了吗？周围越潮湿，糖果就越容易融化。不过，别担心，糯米纸来帮忙喽！糯米纸就像糖果的“防潮衣”，可以帮糖果挡住讨厌的潮气。就算糖果融化了，也不用太担心，因为糯米纸会拼尽全力护住糖液，不让它漏得到处都是。

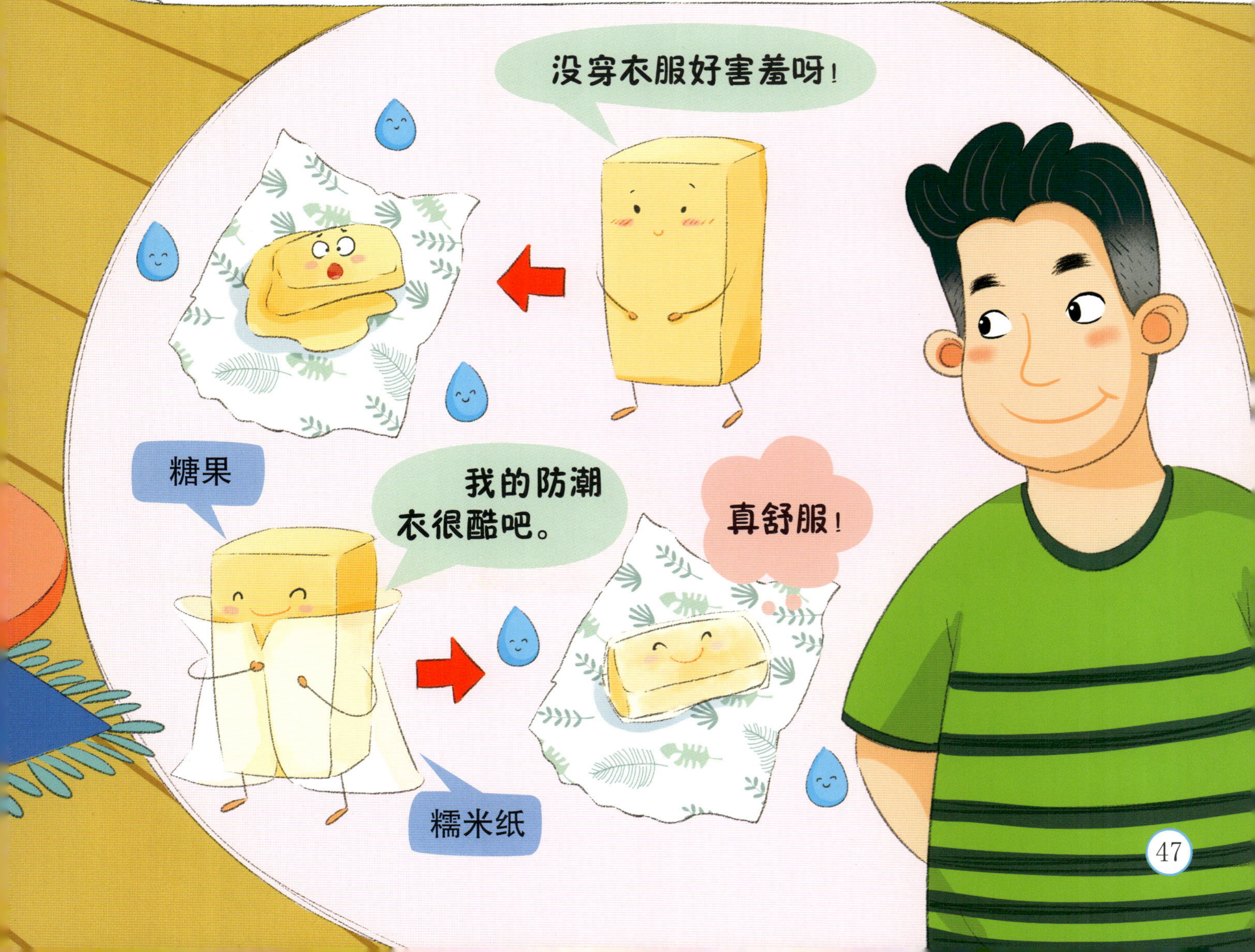

为什么罐头食品不容易坏?

“不好，细菌来啦，它会让我变质的！”眼看周围的细菌越聚越多，牛肉急得满头大汗。幸好一股热气袭来，把细菌都给消灭了。这时，罐头也及时赶来了，一把将牛肉扔进了自己的肚子里，还盖紧了盖子。这下细菌可没办法靠近牛肉了，只能灰溜溜地走了。没了细菌的攻击，罐头食品自然不容易坏啦！

可乐中含有大量的碳酸氢根。碳酸氢根进入我们的肠胃后会与胃酸结合产生二氧化碳。然而，二氧化碳并不能被肠胃消化吸收，于是它便会想方设法从我们的胃部溜出去。二氧化碳先顺着食管往上跑，接着再用力冲开咽肌，这样它就能“嗝”的一声逃出口腔了。

为什么喝可乐会打嗝？

如果你足够细心，就会发现，圆圆的栗子倒入锅中后，尽管会聚在一起，但它们中间还存在不少缝隙，这些缝隙会让栗子受热不均匀，仿佛一半身体在火上烤，一半身体在冰里泡。而细小的沙子能轻松地解决这个难题，沙子会将自己吸收的热量传给每一颗栗子，这样每颗栗子都能蒸上“桑拿”啦。

为什么炒栗子要用沙子？

“糟糕，我们要被消灭啦！”随着锅中的温度越升越高，豆浆中的有毒物质发出了最后的哀号声。生的豆浆中含有有毒物质——皂素，皂素只有在豆浆煮熟后，才会被彻底破坏，不再损害我们的健康。同时，煮熟的豆浆也更加有营养哦！

为什么没煮熟的豆浆不能喝?

为什么冰激凌不能多吃？

冰激凌是一种高脂肪的冷冻食品。过多食用它，我们的牙齿和肠胃就会被冻得“瑟瑟发抖”，于是牙齿和肠胃便发起了“小脾气”，让我们感到牙疼、胃疼等。冰激凌又是高糖食品，如果摄入过多，糖就不能被完全消化，进而会转化成脂肪，堆积在我们的体内，使我们变胖。

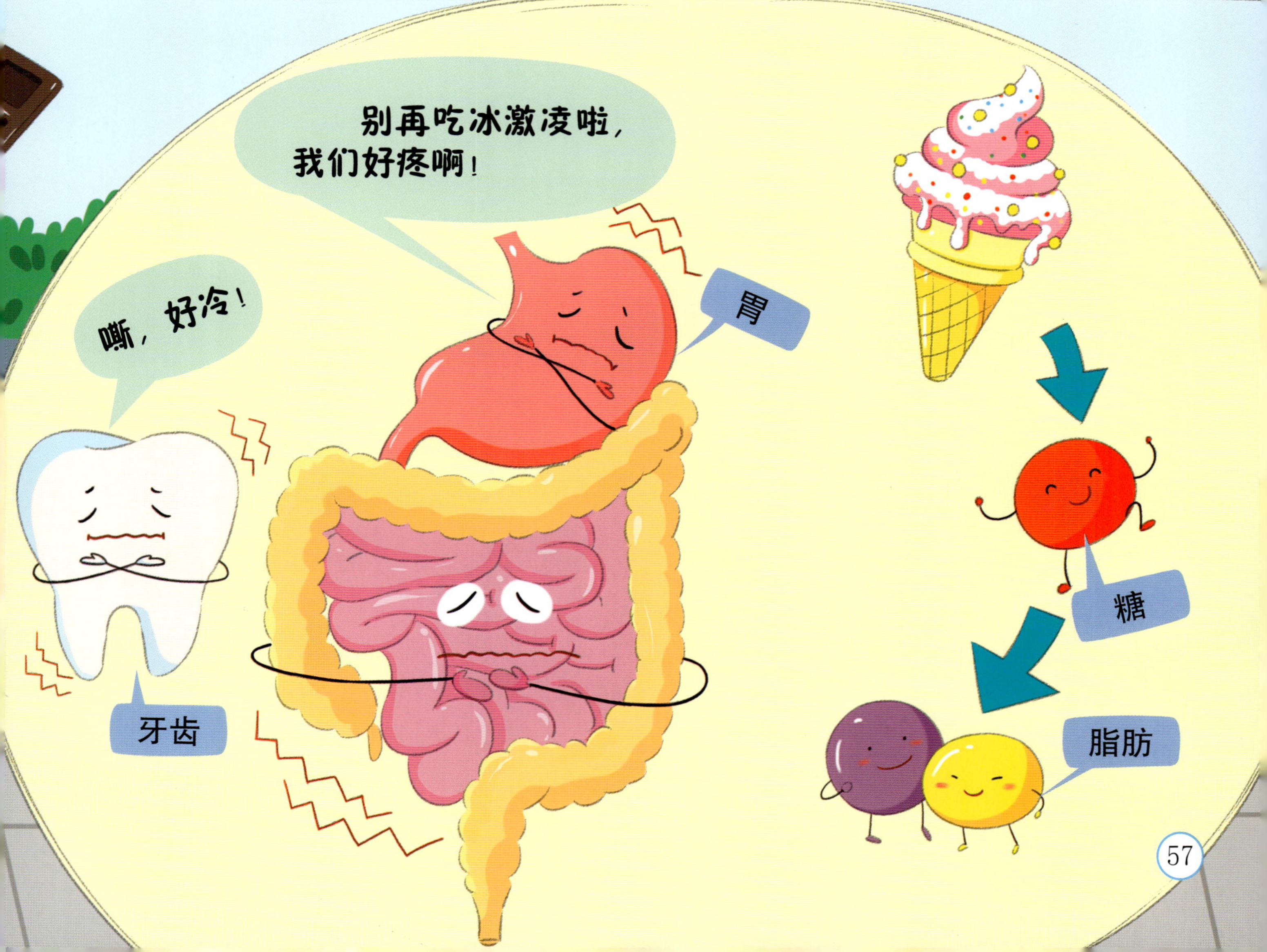

“别过来！”眼看一大股碳酸饮料就要涌入口腔中，牙齿吓得连忙大叫。牙齿有一件洁白且坚硬的“盔甲”——牙釉（yòu）质，它不仅能咬碎食物，还能保护牙齿。可碳酸饮料中所含的碳酸和糖分是牙釉质的“死对头”。碳酸喜欢在牙齿上“东刮刮”“西蹭蹭”，糖分也会吸引来大量细菌在牙齿上“搞破坏”。久而久之，牙釉质就会脆弱且敏感，我们的牙齿也变得不好了。

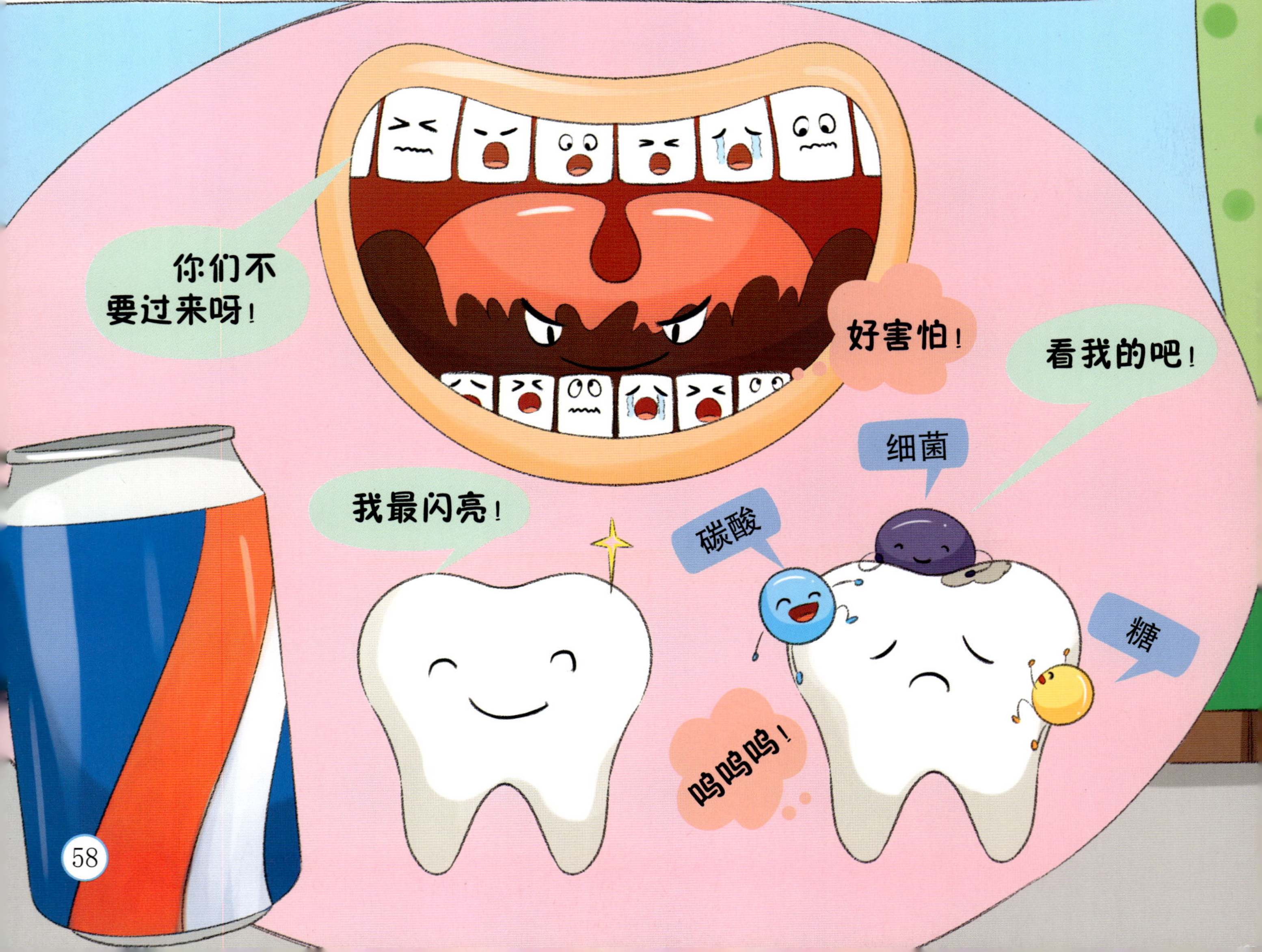

为什么喝碳酸饮料对牙齿不好?

图书在版编目（CIP）数据

食物里的科学 / 马玉玲编绘. -- 长春 : 吉林科学技术出版社, 2023.11
（听爸爸讲身边的科学 / 张耀明主编）
ISBN 978-7-5744-0842-5

Ⅰ. ①食… Ⅱ. ①马… Ⅲ. ①食品—少儿读物 Ⅳ. ①TS2-49

中国国家版本馆 CIP 数据核字（2023）第 178879 号

听爸爸讲身边的科学 · 食物里的科学
SHIWU LI DE KEXUE

主　　编　张耀明
出 版 人　宛　霞
责任编辑　汤　洁
助理编辑　王耀刚
插画设计　稚子文化
封面设计　喀左动力广告有限公司
制　　版　稚子文化
幅面尺寸　212 mm × 227 mm
开　　本　20
印　　张　3
字　　数　65 千字
版　　次　2023 年 11 月第 1 版
印　　次　2023 年 11 月第 1 次印刷

出　　版　吉林科学技术出版社
发　　行　吉林科学技术出版社
地　　址　长春市福祉大路 5788 号出版大厦 A 座
邮　　编　130118
发行部电话 / 传真 0431-81629529　81629530　81629531
81629532　81629533　81629534
储运部电话　0431-86059116
编辑部电话　0431-81629517
印　　刷　长春百花彩印有限公司

书　　号　ISBN 978-7-5744-0842-5
定　　价　29.80 元
如有印装质量问题　可寄出版社调换